Guida alla Coltivazione delle Amamelide

Impara cosa fare bene per coltivare fantastiche Amamelide

A. Duller

Lisa Shardon

Copyright © 2024

Guida alla Coltivazione delle Amamelide

Introduzione

Introduzione all'amamelide (o arbusto delle streghe)

L'amamelide (Hamamelis) è un arbusto che ha suscitato interesse e fascino nel corso dei secoli, tanto da essere chiamato l'"arbusto delle streghe" per le sue presunte proprietà magiche e medicinali. Originario delle zone temperate dell'America del Nord e dell'Asia, l'amamelide è una pianta decidua nota per la sua fioritura inusuale e le sue caratteristiche uniche. La sua capacità di fiorire nei mesi più freddi, spesso durante l'inverno o all'inizio della primavera, l'ha resa simbolo di resilienza e forza. Le leggende legate alla pianta e il suo impiego nella medicina tradizionale hanno contribuito a consolidare la sua reputazione come pianta mistica e medicinale.

L'amamelide è famosa per le sue proprietà astringenti, tanto che i suoi estratti sono stati usati per secoli per trattare ferite, irritazioni cutanee e altre affezioni. Oggi, l'amamelide è un ingrediente popolare in molti prodotti di bellezza e cura della pelle grazie alle sue proprietà lenitive e tonificanti.

Capitolo 1: Storia e origini dell'amamelide

Le prime tracce dell'uso dell'amamelide risalgono alle tribù native americane. Gli indigeni nordamericani furono i primi a scoprire e utilizzare le proprietà terapeutiche della pianta. Conosciuta come "witch hazel" in inglese, il termine "witch" deriva dall'antico inglese wice, che significa "flessibile", un riferimento ai rami elastici della pianta. Tuttavia, la somiglianza con la parola "strega" ha contribuito a creare un alone di mistero e misticismo intorno alla pianta.

Le tribù come i Cherokee e gli Irochesi utilizzavano l'amamelide per preparare decotti e infusi per trattare una vasta gamma di disturbi, dalla pelle infiammata alle contusioni. Il decotto veniva preparato facendo bollire rami e corteccia per estrarre i principi attivi, una pratica che sarebbe stata poi adottata anche dai coloni europei.

Quando i coloni europei arrivarono in Nord America, furono colpiti dalle pratiche erboristiche degli indigeni e cominciarono a integrare l'amamelide nei propri rimedi naturali. Nel XVIII e XIX secolo, l'estratto di amamelide divenne una componente essenziale della medicina popolare americana. Farmacisti e erboristi dell'epoca iniziarono a commercializzare prodotti a base di amamelide per il trattamento di disturbi cutanei, emorroidi e infiammazioni.

Il primo uso commerciale dell'amamelide risale agli inizi del XIX secolo, quando Thomas Newton Dickinson fondò una delle prime aziende per la produzione di distillati a base di amamelide. Il distillato divenne presto famoso non solo in America, ma anche in Europa, dove veniva apprezzato per le sue proprietà lenitive e curative.

Caratteristiche botaniche

L'amamelide appartiene alla famiglia delle Hamamelidaceae e il suo genere comprende diverse specie, tra cui Hamamelis virginiana, Hamamelis japonica e Hamamelis mollis. Ogni specie ha le proprie peculiarità, ma condividono tutte alcune caratteristiche distintive.

Aspetto generale

L'amamelide è un arbusto deciduo che può raggiungere un'altezza compresa tra i 3 e i 7 metri. È spesso ramificato e presenta rami sottili e arcuati, il che contribuisce alla sua eleganza naturale. Le foglie sono alterne, ovali o ellittiche, e mostrano una nervatura pronunciata. Il margine delle foglie può essere dentato o ondulato, a seconda della specie. In autunno, le foglie assumono una varietà di colori caldi che vanno dal giallo dorato al rosso porpora, rendendo la pianta molto decorativa anche nei giardini.

Fiori

La fioritura dell'amamelide è uno degli aspetti più affascinanti della pianta. I suoi fiori appaiono in inverno o all'inizio della primavera, quando molte altre piante sono ancora in stato di riposo vegetativo. I fiori sono piccoli e si raggruppano in infiorescenze compatte. Ogni fiore è composto da quattro petali sottili, nastriformi e arricciati, di colore giallo brillante o, in alcune specie, rosso-arancione. La forma contorta e l'aspetto delicato dei petali conferiscono ai fiori un'aria di leggerezza e originalità.

Questa fioritura invernale è un esempio straordinario di adattamento evolutivo, poiché permette all'amamelide di attirare gli insetti impollinatori quando la concorrenza di altre piante è minima.

Frutti e semi

Il frutto dell'amamelide è una capsula legnosa che matura lentamente e impiega circa un anno per svilupparsi completamente. Quando il frutto è maturo, si apre esplodendo letteralmente e proiettando i semi a distanza considerevole, a volte fino a 10 metri. Questo meccanismo di dispersione dei semi garantisce alla pianta di colonizzare nuove aree, aumentando le sue possibilità di diffusione.

I semi dell'amamelide sono piccoli, neri e lucidi, e rappresentano una risorsa alimentare per alcune specie di uccelli e piccoli mammiferi. Questo tipo di propagazione esplosiva è raro nel regno vegetale ed è un altro esempio della straordinaria capacità di adattamento della pianta.

Habitat

L'amamelide cresce in un'ampia gamma di condizioni ambientali. Predilige terreni umidi e ben drenati e prospera nelle zone boschive e lungo i corsi d'acqua. Le specie americane, come Hamamelis virginiana, si trovano principalmente negli Stati Uniti orientali, dal

Canada fino agli stati meridionali, mentre le varietà asiatiche come Hamamelis japonica e Hamamelis mollis sono originarie delle regioni montane del Giappone e della Cina.

Descrizione della pianta

L'amamelide è una pianta che si distingue per la sua bellezza naturale e il fascino dei suoi fiori invernali. Le foglie sono caduche e possono variare di forma e dimensioni a seconda della specie, ma sono generalmente di forma ovale con margini dentellati. La superficie delle foglie è solitamente vellutata e leggermente pelosa, conferendo una sensazione tattile piacevole. Durante i mesi autunnali, le foglie si trasformano in un arcobaleno di colori, fornendo uno spettacolo visivo che va dal giallo intenso al rosso scarlatto.

Il legno dell'amamelide è resistente e flessibile, motivo per cui è stato utilizzato nel passato per realizzare bastoni da rabdomante, che venivano usati per trovare l'acqua e i metalli nascosti sottoterra. La sua connessione con la rabdomanzia e la magia ha contribuito alla sua reputazione come "arbusto delle streghe".

Profumo e polline

Un altro tratto distintivo dell'amamelide è il profumo sottile e speziato dei suoi fiori. Alcune specie hanno un aroma più marcato rispetto ad altre, ma tutte emanano una fragranza delicata che si diffonde nell'aria durante i mesi invernali, offrendo un tocco di vivacità al paesaggio dormiente.

Il polline della pianta viene disperso dal vento o trasferito dagli insetti, che sono attratti dai colori vivaci dei fiori. In inverno, gli impollinatori includono mosche e alcuni tipi di coleotteri, che sono attivi durante i mesi più freddi.

L'amamelide è molto più di un semplice arbusto decorativo: è una pianta con una storia affascinante e una serie di proprietà che continuano ad attirare l'interesse sia degli erboristi che degli appassionati di giardinaggio. La sua capacità di prosperare in condizioni difficili e di offrire bellezza e beneficio durante l'inverno è un segno della sua straordinaria resilienza e adattabilità.

Capitolo 2: Varietà principali dell'Amamelide - Condizioni ideali per la coltivazione e Clima

Introduzione

L'amamelide (Hamamelis) è un arbusto appartenente alla famiglia Hamamelidaceae, noto per la sua caratteristica fioritura invernale e la resistenza alle temperature rigide. Conosciuta soprattutto per i suoi fiori unici e per le proprietà medicinali delle sue foglie e cortecce, l'amamelide è apprezzata sia nel giardinaggio ornamentale che nella medicina tradizionale. Questo capitolo esplora le principali varietà di amamelide, le condizioni ideali per la sua coltivazione e il tipo di clima che ne favorisce la crescita ottimale.

Varietà principali dell'Amamelide

L'amamelide è un genere che comprende diverse specie, molte delle quali sono utilizzate sia per scopi ornamentali che per le loro proprietà terapeutiche. Le varietà principali possono essere suddivise in base alle caratteristiche dei fiori, del fogliame e della loro resistenza al freddo. Le specie di amamelide più comunemente coltivate includono:

1. **Hamamelis virginiana (Amamelide della Virginia)**

Hamamelis virginiana è una delle specie più conosciute e diffuse. È un arbusto deciduo che può raggiungere un'altezza di circa 4-5 metri. È caratterizzato da fiori gialli o giallo-oro che sbocciano in autunno o all'inizio dell'inverno. La fioritura avviene generalmente a novembre, quando la maggior parte delle piante ha già perso le foglie, creando un contrasto suggestivo tra i fiori e il tronco nudo. I fiori sono costituiti da petali sottili e frastagliati, e l'aroma che emettono è molto caratteristico, ma non invadente.

Questa specie è originaria del Nord America, ed è particolarmente apprezzata per la sua resistenza al freddo e per le sue proprietà medicinali. I suoi estratti sono usati in cosmetica e nella medicina popolare, grazie alle proprietà astringenti, antinfiammatorie e lenitive.

2. **Hamamelis x intermedia (Ibridi di amamelide)**

Gli ibridi di amamelide, noti anche come Hamamelis x intermedia, sono incroci tra la specie Hamamelis virginiana e altre varietà di amamelide, come Hamamelis mollis (un'altra specie di amamelide originaria della Cina) e Hamamelis japonica. Questi ibridi sono stati sviluppati per combinare le migliori caratteristiche delle diverse specie, come la fioritura precoce e la resistenza alle malattie.

Gli Hamamelis x intermedia possono avere una gamma di fiori che va dal giallo al rosso-arancio. Le varietà più comuni includono 'Diane' (con fiori rossi), 'Jelena' (fiori arancioni) e 'Pallida' (con fiori gialli). Questi ibridi tendono a essere più robusti e resistenti alle condizioni climatiche avverse rispetto alle specie pure, rendendoli adatti anche per zone più fredde.

3. **Hamamelis mollis (Amamelide della Cina)**

Hamamelis mollis è una specie di amamelide originaria della Cina, nota per i suoi fiori estremamente profumati, di colore giallo dorato. Questo arbusto ha una crescita più compatta rispetto ad altre specie, raggiungendo al massimo i 3 metri di altezza. I fiori sbocciano all'inizio dell'inverno, ma a differenza di altre specie, quelli di Hamamelis mollis sono caratterizzati da una fragranza molto intensa che attira anche gli impollinatori invernali, come le api.

Hamamelis mollis è molto apprezzata per il suo aspetto ornamentale, grazie alla sua fioritura abbondante e al colore vibrante dei fiori. Sebbene sia meno resistente al freddo di altre varietà, è comunque adatta a zone temperate e più protette dal gelo.

4. **Hamamelis japonica (Amamelide giapponese)**

Hamamelis japonica è una specie originaria del Giappone, caratterizzata da una fioritura spettacolare di colore giallo intenso, che può sfumare verso l'arancione. Sebbene sia simile ad altre specie di amamelide, è generalmente più esigente riguardo alle condizioni di coltivazione e ha bisogno di un clima più temperato per prosperare. Come la specie cinese, anche Hamamelis japonica fiorisce durante i mesi più freddi, ma presenta un'epoca di fioritura che può variare a seconda delle condizioni climatiche.

Condizioni ideali per la coltivazione dell'Amamelide

L'amamelide è una pianta che si adatta a una varietà di condizioni, ma per crescere e prosperare in modo ottimale, sono necessarie alcune condizioni specifiche.

1. **Terreno**

Il terreno ideale per l'amamelide è ben drenato, umido e leggermente acido. I terreni argillosi o sabbiosi, ma ricchi di materia organica, sono particolarmente adatti per queste piante. L'amamelide non tollera i terreni troppo alcalini, quindi è preferibile evitare terreni con pH troppo elevato. Un terreno acido o neutro, con un pH che varia tra 5,5 e 6,5, è il più indicato per la coltivazione.

L'importante è che il terreno non trattenga troppa acqua, poiché l'amamelide non sopporta i ristagni idrici, che possono causare marciume radicale e altre malattie fungine. È utile aggiungere compost o torba per migliorare la struttura del terreno e favorire il drenaggio.

2. **Esposizione solare**

L'amamelide preferisce un'esposizione al sole parziale. Mentre alcune varietà possono tollerare pieno sole, la maggior parte delle specie, come Hamamelis virginiana, cresce meglio in ombra parziale, soprattutto nei climi più caldi. Un'esposizione al sole diretto durante le ore più fresche della giornata, con riparo dal caldo pomeridiano, aiuta a mantenere una buona umidità del terreno senza causare stress termico.

In climi più freddi, l'amamelide può tollerare il sole pieno, mentre in zone più calde è consigliabile piantarla in un'area parzialmente ombreggiata per evitare che i fiori si danneggino a causa del calore eccessivo.

3. **Irrigazione**

L'amamelide necessita di un'umidità costante nel terreno, soprattutto nei primi anni di crescita. Durante la stagione calda, l'irrigazione regolare è fondamentale per mantenere il terreno umido, ma non fradicio. L'uso di pacciamatura attorno alla base della pianta può aiutare a mantenere l'umidità del terreno e a ridurre la concorrenza con le erbacce.

4. **Protezione dal vento**

Poiché l'amamelide è un arbusto relativamente delicato, una protezione contro i venti forti può essere utile per evitare che i fiori e i rami vengano danneggiati. Piantare l'amamelide in zone riparate dai venti più intensi o utilizzare schermi di protezione naturali può migliorare la salute della pianta.

Clima per la Coltivazione dell'Amamelide

L'amamelide è una pianta rustica che può adattarsi a diversi tipi di clima, ma preferisce ambienti freschi e temperati. In generale, le varietà di amamelide sono molto resistenti al freddo, ma alcune sono più tolleranti di altre alle basse temperature.

1. **Clima Freddo**

Le varietà di amamelide, come Hamamelis virginiana, sono molto resistenti alle basse temperature e possono sopportare inverni rigidi, con temperature che scendono fino a -20°C o più basse. L'amamelide è anche in grado di fiorire durante i mesi più freddi, il che la rende particolarmente interessante in giardini dove le altre piante sono in letargo.

In zone con inverni molto rigidi, è comunque necessario piantare l'amamelide in un luogo riparato dal vento gelido, poiché il vento può danneggiare la pianta, soprattutto durante la fioritura precoce. La pacciamatura e l'uso di teli protettivi durante le notti più fredde possono essere utili.

2. **Clima Temperato**

Le varietà di amamelide ibride (Hamamelis x intermedia) sono generalmente più tolleranti ai climi temperati, dove le temperature non scendono mai troppo sotto lo zero. Questi ibridi sono più resistenti alle variazioni di temperatura e più adatti a climi con estati calde e inverni freddi.

La specie Hamamelis mollis, invece, è meno

resistente al freddo e cresce meglio in climi più miti, dove le temperature invernali

non sono estremamente basse.

3. **Clima Mediterraneo**

In zone con clima mediterraneo, dove le estati sono molto calde e secche e gli inverni miti, l'amamelide può crescere bene se piantata in ombra parziale e irrigata regolarmente. Tuttavia, alcune specie potrebbero avere difficoltà a prosperare nei periodi di calore intenso. La protezione dal sole diretto nelle ore più calde è fondamentale per prevenire danni da calore eccessivo.

L'amamelide è una pianta versatile e resistente che può essere coltivata in una varietà di ambienti, a condizione che vengano rispettate alcune condizioni di base, come un terreno ben drenato, un'umidità costante e una protezione adeguata dalle intemperie. Le varietà più comuni, come Hamamelis virginiana, Hamamelis x intermedia e Hamamelis mollis, sono adatte a diverse condizioni climatiche, ma ciascuna di esse ha le proprie esigenze specifiche in termini di temperatura, esposizione e irrigazione. L'amamelide, con la sua affascinante fioritura invernale, è una scelta ideale per giardini e paesaggi in cui si desidera un tocco di colore durante i mesi più freddi.

Capitolo 3: Terreno, Esposizione al Sole, Tecniche di Piantagione, Preparazione del Terreno, Scelta del Momento Ideale per la Piantagione, Metodo di Piantagione

Introduzione

La coltivazione dell'amamelide (Hamamelis) richiede attenzione a diversi fattori legati all'ambiente di crescita, in particolare al tipo di terreno, all'esposizione al sole, alle tecniche di piantagione, e alla preparazione del terreno. Questo capitolo esplorerà in dettaglio ogni aspetto della piantagione dell'amamelide, fornendo linee guida e suggerimenti per garantire che le piante prosperino in modo sano e forte.

Terreno per la Coltivazione dell'Amamelide

L'amamelide è una pianta che ha bisogno di un terreno ben strutturato e fertile per crescere al meglio. Sebbene possa tollerare una certa varietà di suoli, le piante di amamelide rispondono positivamente a terreni ricchi di sostanza organica e ben drenati.

1. **Composizione del Terreno**

Il terreno ideale per l'amamelide deve essere:

- **Ben drenato**: L'amamelide non tollera i ristagni d'acqua, che possono causare il marciume radicale. Un buon drenaggio è fondamentale per evitare danni alle radici. Terreni argillosi troppo compatti o sabbiosi troppo leggeri dovrebbero essere migliorati per ottenere una struttura più equilibrata.

- **Acido o neutro**: L'amamelide cresce meglio in terreni con pH acido o neutro, compreso tra 5,5 e 6,5. Terreni con un pH troppo alcalino (superiore a 7) possono ostacolare l'assorbimento di nutrienti vitali, danneggiando la pianta nel lungo periodo.

- **Ricco di materia organica**: L'amamelide beneficia di terreni ricchi di humus.

L'aggiunta di compost o torba può migliorare la struttura del suolo e favorire il drenaggio, fornendo anche i nutrienti necessari per la crescita sana della pianta.

- **Fresco e umido**: Un terreno umido è essenziale, ma non deve essere mai troppo bagnato. L'umidità deve essere costante, ma senza compromettere il drenaggio. L'uso di pacciamatura può aiutare a mantenere l'umidità del terreno in modo naturale.

2. **Prevenire i Ristagni di Acqua**

Il drenaggio è particolarmente cruciale durante i mesi di pioggia abbondante o nelle aree con clima umido. È importante evitare che l'acqua si accumuli attorno alle radici. Un sistema di drenaggio ben progettato o l'uso di letti rialzati può prevenire il rischio di ristagni.

3. **Modifiche al Terreno**

Se il terreno del proprio giardino è troppo

pesante o argilloso, l'aggiunta di sabbia grossa o ghiaia può migliorarne la struttura e favorire un migliore drenaggio. Nei terreni troppo sabbiosi, invece, l'aggiunta di materia organica, come compost o letame ben decomposto, aiuterà a trattenere l'umidità e i nutrienti.

Esposizione al Sole

L'esposizione al sole è un altro aspetto importante per il successo della coltivazione dell'amamelide. Sebbene l'amamelide sia una pianta abbastanza versatile, le sue esigenze di luce variano a seconda della specie e della varietà.

1. **Esposizione Ottimale**

In generale, l'amamelide cresce meglio con **luce solare indiretta o parziale**. Se piantata in pieno sole, soprattutto nelle zone più calde, la pianta potrebbe soffrire per il calore eccessivo durante i mesi estivi, con conseguenti danni alle foglie e ai fiori.

Un'esposizione a **mezza ombra** o **sole mattutino**, con protezione dal caldo pomeridiano, è ideale.

- **Varietà più tolleranti al sole**: Alcuni ibridi di amamelide (come *Hamamelis x intermedia*) sono più resistenti al pieno sole rispetto ad altre specie, come *Hamamelis mollis* e *Hamamelis japonica*, che preferiscono ombra parziale.

- **Zona riparata dal vento**: Anche se l'amamelide non è eccessivamente sensibile al vento, un'esposizione ai venti freddi invernali può danneggiare i fiori delicati. È quindi consigliabile piantarla in un'area riparata, per evitare che il vento acceleri l'evaporazione dell'umidità dal terreno e danneggi la pianta.

2. **Effetti del Sole eccessivo**

Un'esposizione eccessiva al sole può causare uno stress termico alla pianta, portando ad una riduzione della fioritura e al deterioramento delle foglie. Le piante che ricevono troppa luce solare diretta possono anche essere più suscettibili a malattie fungine, poiché il calore favorisce l'umidità nelle foglie.

Tecniche di Piantagione

Piantare l'amamelide correttamente è essenziale per garantire una crescita sana e una fioritura abbondante. Esistono alcune tecniche chiave che dovrebbero essere seguite durante la piantagione.

1. **Scelta del Punto di Piantagione**

La scelta della posizione di piantagione è fondamentale. Si consiglia di selezionare un'area che:

- Sia ben drenata, per evitare ristagni di acqua che potrebbero danneggiare le radici.
- Offra protezione dai venti più forti, che potrebbero danneggiare i delicati fiori invernali.

- Presenti una luce indiretta o parziale, se possibile, per evitare il calore estremo.

Inoltre, è importante considerare la distanza tra le piante. L'amamelide può crescere fino a 4-5 metri di altezza e larghezza, quindi è necessario pianificare lo spazio in modo che ogni pianta possa espandersi senza interferenze.

2. **Preparazione del Terreno per la Piantagione**

La preparazione del terreno è un passaggio fondamentale che determinerà la salute a lungo termine della pianta. La preparazione adeguata include i seguenti passaggi:

- **Rimozione delle erbacce**: Prima di piantare, rimuovere eventuali erbacce o piante infestanti che potrebbero competere per acqua e nutrienti. Le erbacce possono ostacolare la crescita delle giovani piante e favorire la proliferazione di malattie.

- **Allentamento del suolo**: Scavare una buca profonda e larga, almeno il doppio della dimensione del vaso della pianta. Questo favorirà l'espansione delle radici. Se il terreno è particolarmente compatto, l'allentamento del suolo faciliterà una crescita più sana delle radici.

- **Arricchimento del terreno**: Mescolare compost ben decomposto, torba o letame maturo nel terreno di piantagione. Questo migliorerà la struttura del suolo, favorendo la ritenzione di umidità e l'apporto di nutrienti.

- **Correzione del pH**: Se il terreno è troppo alcalino, può essere utile aggiungere solfato di ferro o zolfo elementare per abbassare il pH e renderlo più acido.

3. **Posizionamento della Pianta nella Buchetta di Piantagione**

Una volta che il terreno è stato preparato,

posizionare la pianta al centro della buca. Assicurarsi che il colletto della pianta (la zona dove il fusto incontra le radici) sia a livello del suolo o leggermente sopra. Piantare troppo in profondità può provocare marciume radicale, mentre piantare troppo superficialmente può compromettere l'umidità delle radici.

Scelta del Momento Ideale per la Piantagione

Il momento giusto per piantare l'amamelide dipende da diversi fattori, tra cui la varietà, il clima e le condizioni locali. Tuttavia, esistono delle linee guida generali per piantare l'amamelide al momento migliore.

1. **Piantare in Autunno o Primavera**

Il periodo ideale per piantare l'amamelide è in **autunno** o **primavera**, quando le temperature sono moderate e l'umidità del terreno è sufficiente.

- **Autunno**: Piantare in autunno consente alle radici di stabilirsi prima dell'arrivo dell'inverno. La pianta sarà in grado di sviluppare un sistema radicale robusto prima che le temperature più fredde interferiscano con la crescita. È importante, però, assicurarsi che il terreno non sia troppo gelato per evitare danni alle radici.

- **Primavera**: La primavera è un'altra stagione ideale per piantare, poiché consente alla pianta di crescere durante la stagione più calda, quando le giornate più lunghe favoriscono la fotosintesi. Tuttavia, la piantagione primaverile deve avvenire prima che il caldo estivo arrivi, per evitare che la pianta soffra da subito per la mancanza di acqua.

2. **Evitare i Periodi di Gelo Intenso**

È consigliabile evitare di piantare l'amamelide durante i mesi più freddi dell'inverno o durante i periodi di gelo intenso. Le radici giovani potrebbero non essere in grado di stabilirsi correttamente e potrebbero soffrire per l'esposizione al freddo.

Metodo di Piantagione

Il metodo di piantagione per l'amamelide può variare leggermente a seconda della forma della pianta acquistata (in vaso o a radice nuda), ma in generale si segue una procedura simile:

1. **Piantare da Vaso**

- Rimuovere delicatamente la pianta dal vaso, facendo attenzione a non danneggiare le radici.

- Esaminare le radici e potare eventuali radici morte o danneggiate.

- Posizionare la pianta nel centro della buca, regolando la profondità in modo che il colletto della pianta sia a livello del suolo.

- Riempire la buca con il terreno preparato, compattando leggermente per rimuovere le sacche d'aria.

- Innaffiare abbondantemente dopo la piantagione per favorire l'assestamento del terreno e la formazione di radici.

2. **Piantare a Radice Nuda**

Le piante a radice nuda devono essere trattate con ancora maggiore attenzione, poiché le radici sono più vulnerabili.

- Immergere le radici in un bagno di acqua per alcune ore prima della piantagione per prevenire il disidratamento.
- Piantare come descritto sopra, facendo attenzione che le radici non siano piegate o compresse all'interno della buca.
- Dopo aver piantato, annaffiare bene e pacciamare attorno alla base per mantenere l'umidità.

La piantagione dell'amamelide richiede una preparazione accurata del terreno, la giusta esposizione solare, e l'uso di tecniche di piantagione appropriate. La pianta, pur essendo resistente, beneficia di un ambiente ottimale per il suo sviluppo. Un terreno ben drenato e arricchito di sostanza organica, un'esposizione solare moderata, e una piantagione corretta sono gli ingredienti per un giardino di amamelidi prosperoso e sano. Con la giusta attenzione, l'amamelide crescerà per offrire la sua bellezza unica e la sua fioritura invernale, diventando una preziosa aggiunta al paesaggio.

Capitolo 4: Cura e Manutenzione dell'Amamelide

L'amamelide (Hamamelis), con la sua caratteristica fioritura invernale e il suo affascinante portamento, è una pianta che non solo aggiunge valore estetico ai giardini ma, se ben curata, può prosperare per molti anni. Sebbene l'amamelide sia una pianta relativamente resistente e poco esigente, richiede comunque una cura e manutenzione adeguata per garantire che cresca sana e forte. Questo capitolo esplorerà in dettaglio i vari aspetti della cura e manutenzione dell'amamelide, inclusi irrigazione, fertilizzazione, potatura, gestione delle malattie e dei parassiti, e come identificare e trattare i problemi più comuni.

1. Irrigazione

L'irrigazione è uno degli aspetti più cruciali per la salute di qualsiasi pianta, e l'amamelide non fa eccezione. Sebbene sia una pianta resistente alla siccità una volta stabilita, ha comunque bisogno di acqua regolare durante i suoi primi anni di vita e in condizioni di clima particolarmente caldo o secco. La corretta irrigazione contribuisce alla promozione di una crescita sana e alla produzione di fiori di qualità.

1.1. **Frequenza di Irrigazione**

L'amamelide necessita di un'umidità costante nel terreno, ma non tollera il ristagno d'acqua. Ecco le linee guida principali per l'irrigazione:

- **Giovani piante**: Le piante appena messe a dimora necessitano di irrigazione regolare durante il loro primo anno, in particolare nei periodi più caldi. È fondamentale mantenere il terreno umido ma non saturo.

- **Piante mature**: Una volta che l'amamelide si è stabilita, la necessità di irrigazione diminuisce, ma in periodi di siccità estiva o secchezza prolungata, è necessario intervenire con irrigazioni settimanali, specialmente se il terreno è sabbioso e tende a seccarsi velocemente.

- **Durante la stagione invernale**: Durante i mesi più freddi, l'irrigazione deve essere ridotta. Sebbene l'amamelide fiorisca in inverno, non ha bisogno di molta acqua, ma è importante non permettere che il terreno si asciughi completamente, specialmente se il clima è particolarmente secco.

1.2. **Tecniche di Irrigazione**

L'irrigazione deve essere mirata a mantenere una buona umidità nel terreno, senza creare ristagni. Le tecniche più adatte includono:

- **Irrigazione a goccia**: Un sistema di irrigazione a goccia è ideale, in quanto consente di fornire acqua direttamente alla base della pianta senza bagnare le foglie, il che potrebbe favorire lo sviluppo di malattie fungine.

- **Irrigazione profonda**: È fondamentale

irrigare in profondità, per favorire lo sviluppo delle radici in profondità nel terreno. L'irrigazione superficiale può causare una crescita superficiale delle radici, rendendo la pianta vulnerabile alla siccità.

- **Evita di bagnare il fogliame**: L'umidità sulle foglie può contribuire allo sviluppo di malattie fungine. È preferibile annaffiare il terreno intorno alla pianta, evitando di bagnare la chioma.

1.3. **Problemi Legati all'Irrigazione**

- **Eccesso d'acqua**: Se il terreno non drena correttamente, le radici potrebbero soffrire a causa del ristagno di acqua. I segni includono ingiallimento delle foglie e radici marce.

- **Scarsa irrigazione**: Un'irrigazione insufficiente durante i periodi caldi può causare stress idrico, con conseguente crescita stentata e una fioritura scarsa.

2. Fertilizzazione

Un altro aspetto fondamentale nella cura dell'amamelide è la fertilizzazione. Sebbene l'amamelide non richieda una fertilizzazione frequente, un apporto equilibrato di nutrienti può migliorare la sua salute generale, la fioritura e la crescita.

2.1. **Tipo di Fertilizzante**

- **Fertilizzante bilanciato**: È consigliabile usare un fertilizzante bilanciato, con una proporzione simile di azoto (N), fosforo (P) e potassio (K). Un fertilizzante 10-10-10 o simile è adatto per stimolare una crescita sana.

- **Fertilizzante organico**: I fertilizzanti organici, come compost o letame ben decomposto, sono ottimi per migliorare la qualità del suolo. Aggiungendo compost attorno alla base della pianta, si fornisce una fonte costante di nutrienti.

- **Fertilizzante a rilascio lento**: Questo tipo di fertilizzante è utile per evitare sovradosaggi e assicurare che la pianta riceva nutrienti in modo costante nel tempo.

2.2. **Quando Fertilizzare**

- **Primavera**: La fertilizzazione deve iniziare in primavera, appena la pianta inizia a mostrarsi attiva dopo il periodo di dormienza invernale. L'applicazione di fertilizzante stimola la crescita e favorisce la formazione di nuovi germogli.

- **Autunno**: Un leggero apporto di fertilizzante in autunno può essere utile per rafforzare la pianta prima dell'inverno, ma evitare un eccesso di azoto, che potrebbe stimolare la crescita troppo tardiva e renderla vulnerabile al freddo.

- **Evita la fertilizzazione in estate**: L'applicazione di fertilizzante in estate può risultare inutile, poiché la pianta è già nella fase di crescita attiva e potrebbe soffrire se esposta a un eccesso di nutrienti in un periodo di stress termico.

2.3. **Problemi di Fertilizzazione**

- **Fertilizzazione eccessiva**: Un eccesso di fertilizzante, in particolare di azoto, può portare a una crescita eccessiva di fogliame a discapito dei fiori, oltre a rendere la pianta più suscettibile a malattie.
- **Carenza di nutrienti**: La carenza di azoto può causare una crescita stentata e foglie ingiallite, mentre una carenza di fosforo può portare a una fioritura scarsa.

3. Potatura

La potatura è una pratica importante per mantenere l'amamelide sana, stimolare una fioritura abbondante e migliorare l'aspetto della pianta. La potatura, se effettuata correttamente, aiuta a rimuovere rami secchi o danneggiati, migliorando la circolazione dell'aria e prevenendo malattie.

3.1. **Quando Potare**

- **Dopo la fioritura**: L'amamelide fiorisce tipicamente in inverno o all'inizio della primavera, quindi la potatura va effettuata subito dopo la fioritura. Questo permetterà alla pianta di svilupparsi correttamente durante la stagione successiva.

- **Evita la potatura in inverno**: Poiché l'amamelide fiorisce sui rami più vecchi, potare in inverno potrebbe compromettere la produzione di fiori per l'anno successivo.

3.2. **Come Potare**

- **Rimuovere i rami morti o danneggiati**: Tagliare i rami secchi, malati o danneggiati. Questo aiuta a prevenire la diffusione di malattie e favorisce una migliore crescita.

- **Sfoltire la chioma**: Se la pianta è troppo densa, potare i rami interni per migliorare la circolazione dell'aria e consentire alla luce di penetrare nella parte centrale della pianta.

- **Tagliare con cautela**: Non rimuovere troppi rami contemporaneamente, in quanto questo potrebbe danneggiare la pianta e ridurre la fioritura. Inoltre, utilizza strumenti da potatura affilati e puliti per evitare di danneggiare i rami sani.

3.3. **Problemi Comuni nella Potatura**

- **Potatura troppo aggressiva**: Una potatura troppo pesante può ridurre la fioritura, soprattutto se si rimuovono i rami che portano i fiori. È importante limitarsi a rimuovere solo i rami danneggiati o eccessivamente lunghi.

- **Non potare abbastanza**: La mancanza di potatura può portare a una pianta troppo fitta e disordinata, con scarsa circolazione dell'aria e possibile comparsa di malattie fungine.

4. Malattie e Parassiti

L'amamelide è relativamente resistente a molte malattie, ma può comunque essere vulnerabile a alcune problematiche. Le malattie fungine e i parassiti possono danneggiare seriamente la pianta se non gestiti tempestivamente.

4.1. **Malattie Fungine**

- **Muffa grigia (Botrytis cinerea)**: La muffa grigia è una malattia fungina che può svilupparsi su fiori e foglie durante i periodi di umidità elevata. Si manifesta con macchie grigie e polverose sulle foglie o sui fiori. Per prevenirla, è importante non bagnare le foglie durante l'irrigazione e mantenere una buona circolazione dell'aria.

- **Ruggine**: La ruggine è un'altra malattia fungina che può apparire come macchie arancioni o gialle sulle foglie. La rimozione dei rami infetti e la corretta gestione dell'irrigazione possono ridurre il rischio.

4.2. **Parassiti**

- **Afidi**: Gli afidi sono piccoli insetti che si nutrono della linfa della pianta. Possono indebolire la pianta e favorire la comparsa di malattie. Si possono controllare con insetticidi naturali o rimuovendo manualmente gli insetti dalle piante.

- **Cocciniglie**: Le cocciniglie sono insetti che si attaccano alle radici o alle foglie della pianta, succhiando la linfa. Possono causare deformazioni e indebolire la pianta. L'uso di insetticidi a base di olio di neem è efficace contro le cocciniglie.

5. Identificazione dei Problemi Comuni

Molti problemi che possono colpire l'amamelide sono legati a condizioni di crescita inappropriate. Ecco alcuni segnali comuni e come affrontarli:

- **Foglie ingiallite**: Indica un possibile problema di drenaggio o una carenza di azoto. Controlla il terreno per verificare se è troppo bagnato o troppo povero di nutrienti.

- **Crescita stentata**: Se la pianta cresce lentamente, potrebbe essere causato da un terreno troppo compatto o una carenza di nutrienti. Fertilizzare e migliorare la struttura del suolo può risolvere il problema.

La cura e manutenzione dell'amamelide richiedono attenzione ma non sono particolarmente difficili. Con la giusta irrigazione, fertilizzazione, potatura, e monitoraggio per malattie e parassiti, l'amamelide potrà crescere sana e forte, regalando fiori spettacolari per anni a venire. È importante ricordare che una gestione attenta delle risorse naturali e l'individuazione precoce dei problemi sono chiavi per una coltivazione di successo.

Capitolo 5: Raccolta e Utilizzo degli Estratti dell'Amamelide

L'amamelide (Hamamelis) è una pianta che ha affascinato l'umanità per secoli, non solo per la sua bellezza e la sua capacità di fiorire durante i freddi mesi invernali, ma anche per le sue molteplici proprietà terapeutiche e cosmetiche. Gli estratti derivati dalle sue foglie, corteccia e radici sono da sempre apprezzati per i loro effetti benefici sulla salute e sul benessere della pelle, tanto che l'amamelide è diventata una delle piante più utilizzate in fitoterapia e cosmetica.

Questo capitolo esplorerà i dettagli sulla raccolta e sull'utilizzo degli estratti dell'amamelide, i suoi molteplici benefici e come queste risorse possano essere sfruttate economicamente per generare reddito. Inoltre, vedremo come sia possibile guadagnare con la coltivazione dell'amamelide, esaminando il suo mercato e le opportunità imprenditoriali.

1. Usabilità e Benefici dell'Amamelide

L'amamelide è una pianta ricca di composti chimici che le conferiscono proprietà terapeutiche, antinfiammatorie, astringenti e antiossidanti. Questi benefici derivano in gran parte dalla sua corteccia, dalle foglie e dai fiori, che contengono tannini, flavonoidi, saponine, acidi fenolici e altri composti bioattivi. Gli estratti di amamelide sono noti per il loro effetto calmante sulla pelle e sono frequentemente utilizzati in cosmesi, medicina naturale e medicina popolare.

1.1. Benefici Cosmetici

Uno degli usi più comuni degli estratti di amamelide riguarda la cosmesi e la cura della pelle. I principali benefici cosmetici sono legati alle sue proprietà astringenti, antinfiammatorie e lenitive:

- **Astringente naturale**: L'amamelide è un eccellente astringente, in grado di ridurre l'aspetto dei pori dilatati e di tonificare la pelle. Questo la rende un ingrediente ideale per prodotti destinati alla cura della pelle grassa o mista.

- **Proprietà antinfiammatorie**: Gli estratti di amamelide sono utilizzati per trattare irritazioni cutanee, eritemi solari, acne, e altre infiammazioni. L'uso di amamelide nei cosmetici può contribuire a ridurre il rossore e l'infiammazione della pelle.

- **Lenitiva e cicatrizzante**: Grazie alle sue proprietà lenitive, l'amamelide è spesso impiegata per trattare piccoli tagli, escoriazioni, e scottature, accelerando il processo di guarigione. È anche utile per lenire le punture di insetti o le irritazioni da rasatura.

- **Anti-età**: I suoi antiossidanti naturali possono aiutare a combattere i segni dell'invecchiamento della pelle, riducendo la visibilità delle rughe e migliorando l'elasticità della pelle.

I prodotti più comuni che contengono estratti

di amamelide includono tonici per il viso, lozioni, gel per il trattamento dell'acne, creme per il corpo, maschere per il viso, e anche shampoo per il cuoio capelluto sensibile.

1.2. Benefici Terapeutici e Fitoterapici

L'amamelide è utilizzata anche in ambito terapeutico, grazie alle sue proprietà antinfiammatorie, vasocostrittive e analgesiche. Alcuni degli usi terapeutici più noti includono:

- **Trattamento delle emorroidi**: L'amamelide è tradizionalmente usata per alleviare i sintomi delle emorroidi, poiché aiuta a ridurre il gonfiore e a calmare l'infiammazione nella zona perianale. Viene spesso applicata sotto forma di pomate o estratti liquidi.

- **Alleviamento di gonfiori e dolori muscolari**: Le sue proprietà vasocostrittive e antinfiammatorie la rendono utile per alleviare i gonfiori e i dolori legati a contusioni o distorsioni. L'uso topico di amamelide sotto forma di crema o unguento può ridurre l'infiammazione e migliorare la circolazione sanguigna locale.

- **Miglioramento della circolazione sanguigna**: L'amamelide è conosciuta per le sue proprietà vasoprotettrici, che migliorano la circolazione sanguigna e alleviano il dolore legato a varici e fragilità capillare.

- **Trattamento delle vene varicose**: Gli estratti di amamelide sono utilizzati per trattare le vene varicose, migliorando la circolazione sanguigna e riducendo il gonfiore e il dolore. La sua applicazione topica contribuisce a tonificare i vasi sanguigni.

- **Calmante per problemi gastrointestinali**: Tradizionalmente, l'amamelide è stata utilizzata anche per trattare alcuni disturbi gastrointestinali, come diarrea o crampi addominali, grazie alle sue proprietà lenitive e astringenti.

1.3. Benefici Psicologici e di Benessere

Non solo la pelle beneficia dell'amamelide, ma anche la sua applicazione in aromaterapia ha suscitato un interesse crescente per i suoi effetti calmanti e rilassanti. Le sue proprietà lenitive possono contribuire a ridurre lo stress e l'ansia, migliorando così il benessere psicologico generale.

2. Raccolta degli Estratti di Amamelide

La raccolta delle diverse parti della pianta di amamelide è un processo delicato, che richiede attenzione e rispetto per l'ambiente. Ogni parte della pianta, dalla corteccia alle foglie, ha delle specifiche caratteristiche e un periodo ideale per essere raccolta, a seconda dell'uso che se ne vuole fare.

2.1. **Raccolta della Corteccia**

La corteccia dell'amamelide è la parte della pianta che contiene la maggior parte dei composti attivi. La corteccia viene raccolta preferibilmente in inverno, quando la pianta è in fase di dormienza, per ridurre lo stress sulla pianta. La corteccia viene tagliata in strisce sottili e poi essiccata per essere utilizzata negli estratti.

2.2. **Raccolta delle Foglie**

Le foglie, che contengono anch'esse una buona quantità di tannini e altri composti utili, sono generalmente raccolte in primavera e estate, quando la pianta è in pieno vigore vegetativo. Le foglie possono essere essiccate all'ombra e poi conservate per l'estrazione.

2.3. **Raccolta dei Fiori**

I fiori di amamelide sono utilizzati soprattutto per la preparazione di infusi e tisane. Poiché la pianta fiorisce in inverno, la raccolta dei fiori avviene durante questo periodo. Questi fiori contengono oli essenziali che contribuiscono a conferire alla pianta le sue proprietà antinfiammatorie e calmanti.

2.4. **Tecniche di Estrazione**

Una volta raccolte le varie parti della pianta, gli estratti possono essere ottenuti tramite diversi metodi:

- **Infusione e decotto**: Le foglie e i fiori vengono immersi in acqua calda per estrarre i principi attivi, creando infusi o decotti utili per l'assunzione orale o per applicazioni esterne.

- **Estratto alcolico**: La corteccia, le foglie e i fiori vengono macerati in una soluzione alcolica, come l'etanolo, per estrarre i composti solubili in alcol. Questo metodo è utilizzato per creare tinture e altri prodotti liquidi concentrati.

- **Distillazione a vapore**: La distillazione dei fiori consente di ottenere oli essenziali che possono essere utilizzati per scopi cosmetici e terapeutici.

3. Come Guadagnare con l'Amamelide

L'amamelide non è solo una pianta dalle eccezionali proprietà terapeutiche, ma può anche rappresentare un'opportunità economica per gli agricoltori, i produttori di cosmetici e gli imprenditori nel settore del benessere. Vediamo come sfruttare questa pianta per generare reddito.

3.1. **Coltivazione e Vendita di Piantine**

Uno dei modi per guadagnare con l'amamelide è avviare una coltivazione e vendere piantine o giovani piante. Le piantine di amamelide sono richieste da giardinieri e appassionati di botanica, che apprezzano la pianta per la sua bellezza e i suoi benefici.

3.2. **Produzione di Estratti**

La produzione e vendita di estratti di amamelide è un altro modo per guadagnare.

Gli estratti possono essere venduti a laboratori cosmetici, produttori di integratori alimentari o direttamente ai consumatori attraverso negozi online. La domanda di cosmetici naturali e prodotti per la cura della pelle è in costante crescita, e l'amamelide è un ingrediente ricercato in questo campo.

3.3. **Creazione di Prodotti Cosmetici Fai-da-te**

Gli estratti di amamelide possono essere utilizzati per creare una vasta gamma di prodotti cosmetici fatti in casa, che poi possono essere venduti su piattaforme di e-commerce, mercati locali o negozi specializzati in prodotti naturali. Creare lozioni, tonici, gel e saponi contenenti amamelide è un'ottima opportunità per avviare una piccola impresa.

3.4. **Vendita di Oli Essenziali e Tinture**

Gli oli essenziali e le tinture di amamelide

sono molto ricercati nel mercato degli oli essenziali e della fitoterapia. La distillazione degli oli essenziali o la produzione di tinture può essere un'opportunità di guadagno, specialmente se si possiedono ampie coltivazioni di amamelide.

3.5. **Tisane e Integratori Alimentari**

Poiché l'amamelide ha proprietà terapeutiche, la produzione di tisane o integratori contenenti estratti di amamelide può essere un'altra via di reddito. L'amamelide viene spesso utilizzata come ingrediente in tisane rilassanti o per migliorare la salute digestiva e venosa. Le aziende di erboristeria possono essere interessate a queste forniture.

Conclusioni

L'amamelide rappresenta una pianta versatile, i cui estratti sono altamente apprezzati in vari settori, tra cui la cosmesi, la medicina naturale e il benessere. La sua coltivazione, sebbene relativamente semplice, richiede attenzione alla qualità del suolo e alla cura delle piante, ma può offrire significative opportunità economiche. Attraverso la produzione di estratti, oli essenziali, tinture e prodotti cosmetici, è possibile costruire un'attività redditizia sfruttando le molteplici proprietà di questa pianta straordinaria.

Glossario

L'amamelide (Hamamelis), una pianta dalle innumerevoli applicazioni e proprietà, è un oggetto di studio affascinante per botanici, erboristi, cosmesi e fitoterapia. Per meglio comprendere le molteplici sfaccettature di questa pianta, è utile consultare un glossario che raccolga e definisca i principali termini e concetti legati all'amamelide. Questo glossario non solo aiuterà a familiarizzare con i termini scientifici e tecnici, ma permetterà anche di esplorare a fondo le caratteristiche uniche e i benefici che questa pianta ha da offrire.

A

- **Acidi fenolici**: Composti chimici naturali presenti nell'amamelide che hanno proprietà antiossidanti. Gli acidi fenolici contribuiscono alla protezione della pianta contro i danni da radicali liberi e conferiscono all'amamelide le sue proprietà benefiche per la pelle.

- **Astringente**: Proprietà di una sostanza che tende a restringere i tessuti o le mucose, riducendo la secrezione di fluidi. L'amamelide è nota per le sue proprietà astringenti, che la rendono utile nel trattamento della pelle grassa, acneica e irritata.

- **Antiossidante**: Sostanza che aiuta a neutralizzare i radicali liberi nel corpo, riducendo i danni cellulari e prevenendo l'invecchiamento precoce. Gli estratti di amamelide contengono flavonoidi e altri composti che esercitano un'azione antiossidante.

- **Affinità per la pelle**: Caratteristica degli estratti di amamelide che si adattano perfettamente alla pelle, favorendo il suo assorbimento senza causare irritazioni. Gli estratti sono delicati e non grassi, il che li rende ideali per i prodotti cosmetici destinati a pelli sensibili.

B

- **Benefici terapeutici**: Gli effetti positivi sulla salute che si ottengono grazie all'uso di amamelide. Tra i benefici più noti ci sono le proprietà antinfiammatorie, cicatrizzanti e lenitive, che possono alleviare gonfiori, irritazioni cutanee, emorroidi, e disturbi della circolazione.

- **Biomolecole**: Molecole prodotte dalla pianta che sono responsabili delle sue proprietà terapeutiche. L'amamelide è ricca di biomolecole, come i flavonoidi e i tannini, che hanno effetti benefici sulla salute e sulla pelle.

C

- **Corteccia**: La parte esterna del tronco e dei rami dell'amamelide, che è spesso utilizzata per produrre estratti grazie alla sua concentrazione di tannini e composti antinfiammatori. La corteccia è particolarmente utile nella produzione di tinture e unguenti.

- **Cicatrizzante**: Capacità di una sostanza

di favorire la guarigione delle ferite, accelerando la rigenerazione dei tessuti danneggiati. Gli estratti di amamelide sono usati per trattare piccoli tagli e abrasioni, riducendo il tempo di guarigione.

- **Composti flavonoidi**: Classificazione di sostanze chimiche naturali che si trovano nell'amamelide, note per le loro proprietà antiossidanti e antinfiammatorie. Questi composti sono tra i principali responsabili dei benefici della pianta per la pelle e per la salute.

D

- **Distillazione a vapore**: Processo utilizzato per estrarre l'olio essenziale dai fiori e dalle foglie di amamelide. La distillazione a vapore è un metodo delicato che preserva i composti aromatici e terapeutici, ed è utilizzato per produrre oli essenziali impiegati in aromaterapia.

- **Decotto**: Una tecnica di preparazione

delle tisane, in cui le parti della pianta vengono bollite in acqua per estrarre i principi attivi. Il decotto di amamelide è usato per preparare infusi benefici per la pelle e la digestione.

E

- **Estratto alcolico**: Preparato ottenuto dalla macerazione delle parti della pianta in un liquido alcolico (spesso etanolo), che permette di ottenere una concentrazione maggiore dei composti attivi. L'estratto alcolico di amamelide è spesso utilizzato in tinture e preparazioni cosmetiche.

- **Epilazione naturale**: L'amamelide è talvolta impiegata per ridurre l'irritazione cutanea durante o dopo l'epilazione. Le sue proprietà lenitive e antinfiammatorie sono utili per calmare la pelle sensibile dopo trattamenti di depilazione.

F

- **Fitoterapia**: La pratica di utilizzare piante e loro estratti per trattare varie malattie e disturbi. L'amamelide è ampiamente utilizzata in fitoterapia grazie alle sue proprietà antinfiammatorie, antiossidanti e astringenti.

- **Flavonoidi**: Composti chimici che si trovano nelle piante e sono noti per le loro capacità antiossidanti e protettive nei confronti delle cellule. Gli estratti di amamelide contengono flavonoidi che proteggono la pelle dall'invecchiamento precoce.

- **Farmaceutica naturale**: Settore che utilizza estratti naturali per la produzione di medicinali, integratori e altri trattamenti. L'amamelide è un ingrediente comune nei rimedi naturali per disturbi della pelle e problemi di circolazione.

G

- **Gonfiore**: Accumulo di liquidi nei tessuti che può causare fastidi e disagi. L'amamelide è conosciuta per le sue proprietà di riduzione del gonfiore, rendendola utile nel trattamento di edema e infiammazioni localizzate.

- **Gel di amamelide**: Preparazione topica utilizzata per trattare irritazioni cutanee, scottature, acne e altre condizioni della pelle. Il gel di amamelide è efficace per lenire la pelle infiammata e ridurre la visibilità dei pori dilatati.

H

- **Hamamelis virginiana**: Il nome scientifico dell'amamelide americana, la specie più comune di amamelide utilizzata in cosmetica, medicina e fitoterapia. Questa pianta è apprezzata per le sue numerose proprietà benefiche.

I

- **Infuso**: Preparato ottenuto immergendo le parti di amamelide in acqua calda per estrarne i principi attivi. L'infuso di amamelide è usato principalmente per il trattamento della pelle e per i suoi effetti calmanti.

- **Idratazione della pelle**: Capacità di una sostanza di mantenere la pelle morbida e ben idratata. L'amamelide è utilizzata in vari prodotti per la pelle grazie alle sue proprietà idratanti e lenitive.

L

- **Lenitiva**: Proprietà di una sostanza che aiuta a ridurre il dolore e l'irritazione. L'amamelide ha effetti lenitivi, ed è utilizzata per trattare scottature, irritazioni cutanee e pruriti.

- **Lozione a base di amamelide**: Preparato liquido utilizzato per trattare la pelle irritata, acneica o infiammata. Le lozioni di amamelide sono particolarmente utili per riequilibrare la pelle grassa o sensibile.

M

- **Macerazione**: Processo che consiste nell'immergere una parte della pianta in un liquido (come acqua, alcol o olio) per estrarne i principi attivi. La macerazione delle foglie o della corteccia di amamelide è un metodo comune per preparare tinture e oli.

- **Malattie della pelle**: Disturbi cutanei che possono essere trattati con gli estratti di amamelide. L'amamelide è utile per condizioni come l'acne, la rosacea, le scottature, le dermatiti e altre infiammazioni cutanee.

N

- **Nutrienti naturali**: Sostanze vitali per la salute e il benessere, che possono essere estratte dalle piante. L'amamelide contiene nutrienti che favoriscono la salute della pelle, come flavonoidi, tannini e acidi fenolici.

O

- **Olio essenziale di amamelide**: Olio volatile estratto dalle foglie e dai fiori di amamelide tramite distillazione a vapore. L'olio essenziale è ricco di proprietà terapeutiche e viene utilizzato in aromaterapia per rilassare il corpo e la mente.

- **Oxidative stress**: Condizione in cui i radicali liberi danneggiano le cellule. Gli estratti di amamelide, ricchi di antiossidanti, sono efficaci nel ridurre lo stress ossidativo, proteggendo la pelle dall'invecchiamento prematuro.

P

- **Proprietà terapeutiche**: Gli effetti positivi che l'amamelide può avere sul corpo umano, in particolare sulle problematiche della pelle e della circolazione.

L'amamelide è nota per le sue azioni antinfiammatorie, cicatrizzanti e vasocostrittive.

- **Piante officinali**: Piante utilizzate per le loro proprietà medicinali. L'amamelide è una pianta officinale per eccellenza, sfruttata in numerosi rimedi naturali per il trattamento di disturbi cutanei e circolatori.

Q

- **Qualità cosmetiche**: Caratteristiche che rendono un prodotto adatto all'uso sulla pelle. L'amamelide, grazie alle sue proprietà lenitive, astringenti e antinfiammatorie, è molto apprezzata nell'industria cosmetica.

R

- **Rimedi naturali**: Soluzioni basate su piante e sostanze naturali per il trattamento di malattie e disturbi. L'amamelide è uno degli ingredienti principali nei rimedi naturali per l'acne, le infiammazioni cutanee e le emorroidi.

- **Resistenza ai parassiti**: Capacità di una pianta di proteggersi da insetti e malattie. L'amamelide è relativamente resistente a molte malattie e parassiti, il che la rende facile da coltivare senza l'uso intensivo di pesticidi.

S

- **Saponine**: Composti chimici presenti in alcune piante, tra cui l'amamelide, che hanno proprietà antinfiammatorie e detergenti. Le saponine aiutano a purificare la pelle e a mantenere l'elasticità dei tessuti.

- **Strato corneo**: Lo strato più esterno della pelle, che è responsabile della protezione contro gli agenti esterni. Gli estratti di amamelide sono efficaci nel mantenere lo strato corneo sano e ben idratato.

T

- **Tannini**: Composti chimici naturali che si trovano nell'amamelide e che conferiscono alla pianta le sue proprietà astringenti e antinfiammatorie. I tannini sono usati per tonificare la pelle e ridurre le irritazioni.

- **Trattamento dell'acne**: L'amamelide è un ingrediente utile nel trattamento dell'acne grazie alle sue proprietà astringenti che aiutano a ridurre l'infiammazione e a prevenire la proliferazione batterica sulla pelle.

U

- **Uso esterno**: Applicazione di un prodotto direttamente sulla pelle. Gli estratti di amamelide sono spesso utilizzati per applicazioni esterne, come lozioni, creme, e gel per trattare disturbi cutanei.

- **Utilizzo terapeutico**: Uso degli estratti di amamelide per trattamenti medici, come le emorroidi, le infiammazioni muscolari o i disturbi gastrointestinali.

V

- **Vasocostrittivo**: Proprietà che riduce il diametro dei vasi sanguigni, utile per migliorare la circolazione e ridurre l'infiammazione. L'amamelide è spesso usata per il trattamento delle vene varicose.

Z

- **Zinco**: Minerale importante per la salute della pelle. Lo zinco, insieme agli estratti di amamelide, può aiutare a migliorare l'aspetto della pelle, contribuendo alla guarigione e alla protezione contro le infezioni.

Il glossario delle amamelide è una guida completa per comprendere la pianta, dalle sue proprietà chimiche ai vari usi terapeutici e cosmetici. Attraverso questo glossario, è possibile apprendere come l'amamelide sia una risorsa incredibile, in grado di offrire benefici che spaziano dal miglioramento della salute della pelle alla cura delle malattie circolatorie. La sua versatilità e i suoi usi differenti ne fanno una pianta fondamentale in molti settori, dalla fitoterapia alla cosmetica naturale.

Indice

Introduzione pg.4

Capitolo 1: Storia e origini dell'amamelide pg.5

Capitolo 2: Varietà principali dell'Amamelide - Condizioni ideali per la coltivazione e Clima pg.11

Capitolo 3: Terreno, Esposizione al Sole, Tecniche di Piantagione, Preparazione del Terreno, Scelta del Momento Ideale per la Piantagione, Metodo di Piantagione pg.22

Capitolo 4: Cura e Manutenzione dell'Amamelide pg.35

Capitolo 5: Raccolta e Utilizzo degli Estratti dell'Amamelide pg.47

Glossario pg.59

www.ingramcontent.com/pod-product-compliance
Lightning Source LLC
Chambersburg PA
CBHW071146240526
45465CB00024BA/1800